BEI GRIN MACHT SICH IHR WISSEN BEZAHLT

AF144462

- Wir veröffentlichen Ihre Hausarbeit, Bachelor- und Masterarbeit

- Ihr eigenes eBook und Buch - weltweit in allen wichtigen Shops

- Verdienen Sie an jedem Verkauf

Jetzt bei www.GRIN.com hochladen und kostenlos publizieren

Sven-David Müller

Richtig essen und trinken bei Hämochromatose

Diätetik und Ernährungstherapie bei Hämochromatose / Eisenspeicherkrankheit

GRIN Verlag

Bibliografische Information der Deutschen Nationalbibliothek:

Die Deutsche Bibliothek verzeichnet diese Publikation in der Deutschen National-
bibliografie; detaillierte bibliografische Daten sind im Internet über http://dnb.d-
nb.de/ abrufbar.

Dieses Werk sowie alle darin enthaltenen einzelnen Beiträge und Abbildungen
sind urheberrechtlich geschützt. Jede Verwertung, die nicht ausdrücklich vom
Urheberrechtsschutz zugelassen ist, bedarf der vorherigen Zustimmung des Verla-
ges. Das gilt insbesondere für Vervielfältigungen, Bearbeitungen, Übersetzungen,
Mikroverfilmungen, Auswertungen durch Datenbanken und für die Einspeicherung
und Verarbeitung in elektronische Systeme. Alle Rechte, auch die des auszugsweisen
Nachdrucks, der fotomechanischen Wiedergabe (einschließlich Mikrokopie) sowie
der Auswertung durch Datenbanken oder ähnliche Einrichtungen, vorbehalten.

Impressum:

Copyright © 2005 GRIN Verlag GmbH
Druck und Bindung: Books on Demand GmbH, Norderstedt Germany
ISBN: 978-3-640-85165-2

Dieses Buch bei GRIN:

http://www.grin.com/de/e-book/168206/richtig-essen-und-trinken-bei-haemochro-
matose

GRIN - Your knowledge has value

Der GRIN Verlag publiziert seit 1998 wissenschaftliche Arbeiten von Studenten, Hochschullehrern und anderen Akademikern als eBook und gedrucktes Buch. Die Verlagswebsite www.grin.com ist die ideale Plattform zur Veröffentlichung von Hausarbeiten, Abschlussarbeiten, wissenschaftlichen Aufsätzen, Dissertationen und Fachbüchern.

Besuchen Sie uns im Internet:

http://www.grin.com/

http://www.facebook.com/grincom

http://www.twitter.com/grin_com

Coverbild: pixabay.com

Hämochromatose aus ernährungsmedizinischer und diätetischer Sicht

von Sven-David Müller, M.Sc.

Hämochromatose: Wenn die Leber zuviel Eisen speichert

Die Hämochromatose ist eine seltene Erkrankung des Eisenstoffwechsels. Sie führt zu krankhaften Einlagerungen von Eisen in die Leber und andere Organe. An einer Hämochromatose leiden allein in Deutschland schätzungsweise zwei- bis vierhunderttausend Personen. Damit zählt die sogenannte Eisenspeicherkrankheit zu den häufigsten genetischen Erkrankungen. Auf diesen Seiten zeigen wir Ihnen, was die Hämochromatose kennzeichnet und wie sie bereits im Frühstadium erkannt werden kann. Die Diagnose wird in der Regel zwischen dem 40. Und 60. Lebensjahr gestellt. Die primäre Hämochromatose ist vererbt und die sekundäre Form der Eisenspeicherkrankheit tritt bei Bluterkrankungen auf. Die Patienten leiden unter einer besonderen Form des Diabetes mellitus und einer dunklen Hautpigmentierung (Bronzediabetes) sowie Leberzirrhose. Dazu kommen noch Störungen im Hormonhaushalt, Herzerkrankungen und andere Veränderungen. Bei den Patienten ist das Serumeisen sowie der Serumferrinspiegel erhöht. Die Therapie besteht in Aderlässen. Zudem sollten extreme Eisenbelastungen über die Ernährung ausgeschlossen werden. Eine eisenreduzierte kann dabei die Aderlasstherapie nicht ersetzen. Die tägliche Fleisch- und Wurstmenge sollte 120 Gramm nicht überschreiten. Innereien sind prinzipiell zu meiden und es ist sinnvoll, Käse statt Wurst zu verzehren.

Die Hämochromatose (Eisenspeicherkrankheit), die im Jahr 1889 zum erstenmal beschrieben wurde, ist eine autosomal-rezessive Erbkrankheit, von der Männer 10mal häufiger betroffen sind als Frauen. Bei dieser Erkrankung kommt es aufgrund einer erhöhten Eisenaufnahme im Darm zu einer Erhöhung des Gesamteisengehalts des Menschen von ca. 4-5 g im Normbereich auf bis zu 80 g. Die Erkrankung bricht frühestens nach dem 20., meist aber zwischen dem 40. und 60. Lebensjahr aus. Frauen erkranken meist nach der Menopause, also nach dem Ende ihrer Regelblutungen Die Folgen einer unbehandelten Hämochromatose sind starke Ermüdungserscheinungen, Gelenkprobleme, ein Diabetes, Hautpigmentierungen, Herzprobleme, Hormonstörungen, eine Leberzirrhose bis hin zum Leberkrebs. Als Therapie wird eine regelmäßige Blutabnahme in der Art eines Aderlasses durchgeführt. Bei rechtzeitiger Diagnose und Therapie ist die Lebenserwartung und -qualität kaum beeinträchtigt.

Die Hämochromatose ist in Europa eine der häufigsten Erbkrankheiten. Sie ist durch eine erhöhte Eisenaufnahme aus dem Darm ins Blut gekenn zeichnet, von wo das Eisen in verschiedene Organe transportiert und abgelagert wird. Eisen ist in richtiger Menge u.a. für die Bildung des roten Blutfarbstoffs Hämoglobin erforderlich. In zu hoher Menge im Blut führt es durch Ablagerungen in zahlreichen Organen zu teilweise erheblichen Schäden.

Normal ist eine Eisenmenge von ca. 4-5 g im Körper des Menschen. Bei der Hämochromatose beträgt der Gesamteisengehalt des Körpers dagegen 20-80 g. Ein Labor-Parameter ist eine über 60Prozenttige Erhöhung der Transferrinsättigung. Der Begriff der Transferrinsättigung ist unter Eisen im Körper erläutert. Ohne Therapie, die in einer regelmäßigen Blutabnahme (Aderlass) besteht, führt diese Erkrankung zu erheblichen Folgen mit einer deutlichen Einschränkung der Lebensqualität und -dauer. Die Krankheit bricht selten vor dem 20. Lebensjahr aus, meist aber zwischen dem 40. bis 60. Lebensjahr. Die Hämochromatose ist eine autosomal-rezessive Erbkrankheit. Autosomal bedeutet, dass der entsprechende Gen-Defekt nicht auf einen Geschlechtschromosom liegt. Rezessiv bedeutet, dass der jeweilige Träger, bei dem der Schaden nur auf einem Chromosom liegt, selber nicht erkrankt. Damit die Nachkommen erkranken, müssen beide Eltern Träger des Merkmals sein. Das für diese Krankheit verantwortliche Gen liegt auf dem Chromosom 6, wobei dieses Gen als HFE 1 bezeichnet wird. Dabei stammt das H von Hämo und FE ist das chemische Zeichen für Eisen. Es sei erwähnt, dass es noch die Gene HFE 2 und HFE 3 gibt, die für sehr seltene spezielle Arten dieser Erkrankung verantwortlich sind. Männer erkranken etwa 10mal häufiger als Frauen, da Frauen wegen ihrer Monatsblutungen sozusagen natürlicherweise therapiert werden. In den Anfängen gibt es meist keine merkbaren Symptome. Den betroffenen Menschen ist ihre Krankheit daher oft nicht bekannt. Die ersten Anzeichen treten frühestens nach dem 20., meist aber erst zwischen dem 40. Und 60. Lebensjahr auf. Wie erwähnt, erkranken Frauen fast immer erst nach der Menopause. Bei einem Gesamteisengehalt von weniger als 10-15 g sind noch keine Symptome zu erwarten. Man spricht dann von einer latenten Hämochromatose. Eine histologische, also feingewebliche, Untersuchung des Lebergewebes zeigt aber bereits eine Eisenüberladung der Zellen.

Nimmt der Gesamteisenbestand weiter zu, treten die folgenden Symptome bzw. Beschwerden auf:

- Müdigkeit, allgemeine Schwäche, Unwohlsein
- Zuckerkrankheit (Diabetes mellitus)
- Hautverfärbungen
- Gewichtsabnahme
- Libidoverlust, Impotenz
- Leibschmerzen
- Kurzatmigkeit
- Gelenkbeschwerden
- Leberzirrhose bis hin zum Leberkrebs
- Herzbeschwerden

Für eine erfolgreiche Therapie ist eine rechtzeitige Diagnose dringend erforderlich. Die durch den Eisenüberschuss hervorgerufenen Schäden wie Herzschäden, Gelenkschäden, Diabetes oder eine Leberzirrhose können in der Regel trotz intensiver Therapie nicht mehr zurückgebildet werden. Die Therapie besteht in der sehr alten Methode einer Blutabnahme, also eines Aderlasses. Dabei wird dem Patienten anfangs 1- 2 mal pro Woche ca. 500 ml Blut, abgenommen. Mit 1- 2 Aderlässen von je 500 ml pro Woche können ca. 200 bis 400 mg Eisen entfernt werden. Diese Aderlässe werden von den Patienten im allgemeinen problemlos vertragen. Zur Kontrolle des Therapieerfolges sollten regelmäßig die Eisenwerte bestimmt werden. Hat sich der Gesamteisenbestand aufgrund der Therapie wieder normalisiert, so sind lebenslang etwa 4 bis 6 Aderlässe pro Jahr erforderlich. Als Blutspender kommen diese Patienten allerdings nicht in Frage, da ihr Blut nicht den Normwerten entspricht. Medikamente werden nur sehr selten verwendet.

Eisenspeicherkrankheit - Hämochromatose
Bei der Eisenspeicherkrankheit oder Hämochromatose handelt es sich um eine der häufigsten erblichen Stoffwechselstörungen. Knapp ½ Mio. Menschen in Deutschland leiden an dieser Krankheit, ca. 5 –10% der mitteleuropäischen Bevölkerung sind potentielle Überträger des Gendefekts auf ihre Kinder. Dieser Gendefekt führt – wenn er von Vater und Mutter übertragen wurde - zu einer erhöhten Eisenaufnahme aus der Nahrung durch eine Störung im Dünndarm. Dieses Eisen kann sich in verschiedenen Organen ablagern (s.Graphik). In der Folge kommt es in unterschiedlicher Ausprägung und Kombination zu folgenden Symptomen:

- Müdigkeit, Leistungsabfall, depressive Verstimmung, Konzentrationsstörungen
- Krämpfe im Oberbauch, unregelmäßige Herzschläge, Kurzatmigkeit,
- Gelenkschmerzen (besonders: Knie, Hüfte, Finger, Großzehe),
- nachlassende Libido, Impotenz, Unregelmäßigkeit oder Ausbleiben der Monatsblutung, graubraune Haut (evtl. Bronzetönung).

Folgeschäden bei langfristiger Eisenvergiftung können bei unbehandelten Patienten sein: Leberzirrhose, Diabetes mellitus, Hormonstörungen, Herzschwäche, -rhythmusstörungen, Arthropathie, erhöhtes Risiko für Leberkarzinom.

Zur diagnostischen Abklärung der Krankheit wird die Transferrinsättigung mit Eisen und das Ferritin (Speichereisen) im Blut untersucht. Bei Erhöhung dieser Werte sollte der Gentest durchgeführt werden, der in 80-100% der Fälle die typische Mutation auf dem mütterlichen und väterlichen Chromosom 6 zeigt. Bei unklaren Fällen ist manchmal eine Leberpunktion notwendig. Die Therapie der Eisenspeicherkrankheit besteht in regelmäßigen, lebenslänglichen Aderlässen, um die Eisenspeicher zu entleeren. Wenn wegen Blutarmut oder anderen Gründen Aderlässe nicht möglich sind, kann das Medikament Desferoxamin (Desferal) angewandt werden. Eisenarme Ernährung unterstützt die Behandlung, alleine ist sie aber nicht ausreichend. Bei frühzeitiger Diagnose und konsequenter Aderlasstherapie können Folgeschäden vermieden werden und die Lebenserwartung ist normal.

Richtig essen und trinken bei Hämochromatose
Die Eisenspeicherkrankheit Hämochromatose gehört nicht zu den ernährungbedingten Krankheiten. Trotzdem profitieren Hämochromatose-Patienten von einer ausgewogenen Ernährungsweise, die nicht zuviel Eisen enthalten sollte. Außerdem sollten sie einige Ernährungsregeln im Umfeld der Aderlässe beachten. Es ist nicht sinnvoll, wenn Hämochromatose-Patienten reichlich Eisen mit der Nahrung aufnehmen. Das trifft insbesondere dann zu, wenn dieses Eisen noch gut vom Körper aufgenommen werden kann. Das ist beispielsweise bei Fleisch und Wurst gegeben. Völlig vermeiden sollten Eisenspeicherkranke die Einnahme von Multivitaminmineralstoff-Präparaten, da diese in der Regel auch Eisen enthalten. Zudem fördert das in der Regel enthaltene Vitamin C die Eisenaufnahme aus der Nahrung. Achten Sie auch darauf, dass Sie keine Lebensmittel verzehren, die mit Eisen angereichert sind. Eine Anreicherung ist auf der Verpackung gekennzeichnet. Während Vitamin C die Eisenaufnahme fördert, hemmt die Gerbsäure aus Schwarztee, Kalzium aus Milchprodukten, Ballaststoffe wie Pektin oder Phytate aus Vollkornprodukten die Eisenaufnahme. Zur Vorbeugung und Behandlung einer sich entwickelnden Hämochromatose könnte eine diätetische Eisenverminderung der Nahrung sinnvoll sein. Es ist empfelenswert, wenn Menschen, die unter Hämochromatose leiden eine eisenreduzierte gesunde Mischkost einhalten. Die Einnahme von Zink-Tabletten ist sinnvoll, da diese die Eisenaufnahme hemmen.

Patienten, die unter Hämochromatose leiden sollten eisenreiche Lebensmittel vermindert, also nicht täglich in großen Mengen, essen. Wichtig ist dabei aber, dass Eisen aus tierischen Lebensmitteln deutlich besser vom Körper verwertet werden kann als Eisen aus pflanzlichen Lebensmitteln. Daher sind die tierischen „Eisenbomben" mit * gekennzeichnet und die pflanzlichen trotz ihres hohen Eisengehalts nicht. Das heißt, dass sie erlaubt sind,
sofern sie ohne zusätzliches Vitamin C oder andere die Eisenaufnahme deutlich verbessernden Substanzen gegessen werden.

Eisenreiche Lebensmittel (*: meiden und niemals zusammen mit reichlich Vitamin C aufnehmen)

Pfifferling getrocknet	57,6 mg/100 g	120,2 kcal/100 g

Hefe	20,0 mg/100 g	288,0 kcal/100 g
Maggi	20,0 mg/100 g	224,4 kcal/100 g
Hausmacher Blutwurst *	17,0 mg/100 g	343,9 kcal/100 g
Schwein Leber gegart *	15,4 mg/100 g	123,3 kcal/100 g
Weizen Kleie	12,9 mg/100 g	172,3 kcal/100 g
Sojaeiweiß texturiert (TVP)	12,5 mg/100 g	285,1 kcal/100 g
Kakaopulver	12,5 mg/100 g	342,5 kcal/100 g
Kürbiskern frisch	12,5 mg/100 g	560,2 kcal/100 g
Sojamehl (entfettet) entbittert	12,0 mg/100 g	196,7 kcal/100 g
Kalb Niere gegart *	11,3 mg/100 g	116,4 kcal/100 g
Filetblutwurst *	10,3 mg/100 g	247,1 kcal/100 g
Sojabohne geröstet	10,0 mg/100 g	359,0 kcal/100 g
Sesam frisch	10,0 mg/100 g	559,0 kcal/100 g
Schwein Niere gegart *	9,8 mg/100 g	114,7 kcal/100 g
Mohn frisch	9,5 mg/100 g	472,3 kcal/100 g
Rind Niere gegart *	9,3 mg/100 g	101,6 kcal/100 g
Pinienkern frisch	9,2 mg/100 g	575,5 kcal/100 g
Brathähnchen Leber gegart *	9,2 mg/100 g	146,7 kcal/100 g
Hirse Korn geschält	9,0 mg/100 g	354,0 kcal/100 g
Hirse Flocken	9,0 mg/100 g	354,0 kcal/100 g
Hirse ganzes Korn	9,0 mg/100 g	330,8 kcal/100 g
Sauerampfer frisch	8,5 mg/100 g	22,2 kcal/100 g
Leinsamen frisch	8,2 mg/100 g	372,4 kcal/100 g
Weizen Keim	7,9 mg/100 g	313,8 kcal/100 g
Sojabohnen getrocknet	7,8 mg/100 g	416,3 kcal/100 g
Kalb Leber gegart *	7,6 mg/100 g	146,5 kcal/100 g
Jacobsmuschel *	7,5 mg/100 g	77,0 kcal/100 g
Kalbsleberwurst *	7,4 mg/100 g	316,7 kcal/100 g
Hühnerei Eigelb *	7,2 mg/100 g	348,7 kcal/100 g
Leberwurst fein *	7,1 mg/100 g	328,4 kcal/100 g
Bohnen dick getrocknet	6,8 mg/100 g	326,0 kcal/100 g
Rind Leber gegart *	6,8 mg/100 g	147,0 kcal/100 g
Auster frisch *	6,7 mg/100 g	63,1 kcal/100 g
Sojafleisch mit Gewürzen Trockenprodukt	6,7 mg/100 g	305,2 kcal/100 g
Auster frisch gegart *	6,7 mg/100 g	65,0 kcal/100 g
Leberpastete *	6,6 mg/100 g	299,5 kcal/100 g
Pfifferling frisch	6,5 mg/100 g	11,5 kcal/100 g
Steinpilz getrocknet	6,4 mg/100 g	148,9 kcal/100 g
Sonnenblumenkern frisch	6,3 mg/100 g	574,8 kcal/100 g
Diabetikerbackwaren	6,2 mg/100 g	351,8 kcal/100 g
Vollkornzwieback für Diabetiker	6,2 mg/100 g	351,8 kcal/100 g
Kichererbsen getrocknet	5,9 mg/100 g	325,3 kcal/100 g
Hafer ganzes Korn	5,8 mg/100 g	353,3 kcal/100 g
Diabetikergebäck	5,6 mg/100 g	414,4 kcal/100 g
Vegetarische Bratlinge Trockenprodukt	5,5 mg/100 g	298,0 kcal/100 g
Petersilienblatt frisch	5,5 mg/100 g	52,6 kcal/100 g
Tomaten Konzentrat	5,5 mg/100 g	175,2 kcal/100 g
Miesmuschel frisch gegart *	5,1 mg/100 g	68,8 kcal/100 g
Rind Herz gegart *	5,0 mg/100 g	102,5 kcal/100 g
Hülsenfrüchte reif	5,0 mg/100 g	277,7 kcal/100 g

Eisenarme und eisenfreie Lebensmittel

Lebensmittel	Eisen	Energie
Fruchtjoghurt mit Süßstoff	0,1 mg/100 g	64,3 kcal/100 g
Fruchtdickmilch mit Süßstoff	0,1 mg/100 g	62,4 kcal/100 g
Butter	0,1 mg/100 g	741,2 kcal/100 g
Molke	0,1 mg/100 g	24,9 kcal/100 g
Klare Suppe mit Einlage (R)	0,1 mg/100 g	10,0 kcal/100 g
Spargelcremesuppe (R)	0,1 mg/100 g	30,3 kcal/100 g
Kräutertee mit Zucker (Getränk)	0,1 mg/100 g	8,8 kcal/100 g
Frischkäse Doppelrahmstufe	0,1 mg/100 g	335,3 kcal/100 g
Frischkäsezubereitung	0,1 mg/100 g	335,3 kcal/100 g
Frischkäse	0,1 mg/100 g	335,3 kcal/100 g
Frischkäse Rahmstufe	0,1 mg/100 g	281,3 kcal/100 g
Kräutertee (Getränk)	0,1 mg/100 g	0,7 kcal/100 g
Lebertran	0,1 mg/100 g	882,6 kcal/100 g
Milchspeiseeis	0,1 mg/100 g	84,8 kcal/100 g
Kaffee-Ersatz mit Kondensmilch und Zucker (Getränk)	0,1 mg/100 g	13,9 kcal/100 g
Kaffee-Ersatz mit Zucker (Getränk)	0,1 mg/100 g	10,0 kcal/100 g
Erdnußöl	0,1 mg/100 g	879,8 kcal/100 g
Kuhmilch entrahmt gekocht	0,1 mg/100 g	36,8 kcal/100 g
Kaffee-Ersatz mit Kondensmilch (Getränk)	0,1 mg/100 g	6,2 kcal/100 g
Kaffee-Ersatz (Getränk)	0,1 mg/100 g	2,2 kcal/100 g
Kunstspeiseeis	0,1 mg/100 g	60,7 kcal/100 g
Kuhmilch Trinkmilch entrahmt	0,1 mg/100 g	36,1 kcal/100 g
Margarine zum Kochen	0,1 mg/100 g	709,8 kcal/100 g
Schweineschmalz/-fett	0,1 mg/100 g	882,2 kcal/100 g
Margarine pflanzlich Linolsäure 30-50%	0,1 mg/100 g	709,8 kcal/100 g
Margarine Linolsäure >50%	0,1 mg/100 g	709,1 kcal/100 g
Joghurt entrahmt	0,1 mg/100 g	38,0 kcal/100 g
Kefir entrahmt	0,1 mg/100 g	37,8 kcal/100 g
Kuhmilch gekocht	0,1 mg/100 g	65,5 kcal/100 g
Kuhmilch teilentrahmt gekocht	0,1 mg/100 g	49,5 kcal/100 g
Joghurt vollfett	0,1 mg/100 g	65,7 kcal/100 g
Joghurt teilentrahmt	0,1 mg/100 g	46,1 kcal/100 g
Kuhmilch Vorzugsmilch vollfett	0,1 mg/100 g	67,2 kcal/100 g
Dickmilch (Sauermilch)	0,1 mg/100 g	63,6 kcal/100 g
Dickmilch (Sauermilch) entrahmt	0,1 mg/100 g	34,2 kcal/100 g
Götterspeise (R)	0,1 mg/100 g	57,9 kcal/100 g
Kuhmilch Trinkmilch fettarm	0,1 mg/100 g	48,5 kcal/100 g
Kuhmilch Trinkmilch vollfett	0,1 mg/100 g	64,3 kcal/100 g
Dickmilch (Sauermilch) 10% Fett	0,1 mg/100 g	118,5 kcal/100 g
Kefir	0,1 mg/100 g	49,7 kcal/100 g
Dickmilch (Sauermilch) teilentrahmt	0,1 mg/100 g	46,1 kcal/100 g
Schwedenmilch vollfett	0,0 mg/100 g	66,4 kcal/100 g
Butter halbfett - Milchhalbfett	0,0 mg/100 g	382,6 kcal/100 g
Colagetränke kalorienarm	0,0 mg/100 g	3,6 kcal/100 g
Pflanzliche Öle Linolsäure 30% - 60%	0,0 mg/100 g	882,6 kcal/100 g
Sonnenblumenöl	0,0 mg/100 g	882,6 kcal/100 g
Branntwein aus Getreide (Brände aus Getreide)	0,0 mg/100 g	250,0 kcal/100 g
Colagetränke (coffeinhaltig)	0,0 mg/100 g	60,7 kcal/100 g
Margarine halbfett Linolsäure 30-50%	0,0 mg/100 g	361,9 kcal/100 g
Tee schwarz mit Milch und Zucker (Getränk)	0,0 mg/100 g	10,0 kcal/100 g

Tee schwarz mit Zucker (Getränk)	0,0 mg/100 g	8,4 kcal/100 g
Tee schwarz mit Milch (Getränk)	0,0 mg/100 g	2,4 kcal/100 g
Kokosfett gehärtet	0,0 mg/100 g	878,8 kcal/100 g
Sojaöl	0,0 mg/100 g	871,9 kcal/100 g
Tee (Getränk)	0,0 mg/100 g	0,5 kcal/100 g
Bier alkoholfrei (<0,5Gew% Alkohol)	0,0 mg/100 g	25,6 kcal/100 g
Trinkwasser	0,0 mg/100 g	0,0 kcal/100 g
Bier Pils Hell	0,0 mg/100 g	42,3 kcal/100 g
Bier	0,0 mg/100 g	42,3 kcal/100 g
Klarer	0,0 mg/100 g	185,0 kcal/100 g
Fritierfett (überwiegend pflanzliches Fett)	0,0 mg/100 g	884,1 kcal/100 g
Bratfett (tierisches Fett)	0,0 mg/100 g	878,1 kcal/100 g
Diabetikersüßigkeiten	0,0 mg/100 g	246,2 kcal/100 g
Plätzchen eiweißarm glutenfrei natriumarm	0,0 mg/100 g	235,4 kcal/100 g
Natürliches Mineralwasser still	0,0 mg/100 g	0,0 kcal/100 g
Weizenbier (Weißbier) obergärig	0,0 mg/100 g	42,8 kcal/100 g
Weizenbier Export	0,0 mg/100 g	42,8 kcal/100 g
Bier Starkbier	0,0 mg/100 g	59,8 kcal/100 g
Backpulver	0,0 mg/100 g	155,6 kcal/100 g

Ernährung im Umfeld des Aderlasses
Bei einem Aderlass verliert der Körper rund 200 bis 250 mg Eisen. In der Regel müssen dafür 500 ml Blut den Körper verlassen. Das entspricht rund einem Zehntel des Blutvolumens eines Erwachsenen. Um dadurch bedingten Kreislaufproblemen vorzubeugen, sollten Hämochromatose-Patienten niemals nüchtern zum Aderlass gehen. Vielmehr ist es sinnvoll, wenn sie vorher mindestens einen halben Liter mineralstoffreiches Mineralwasser oder Apfelsaft-Schorle trinken und auch etwas essen. Während und nach dem Aderlass sollte die Flüssigkeitsmenge (500 ml) wieder aufgefüllt werden. In einigen Arztpraxen erfolgt dies über eine Infusion. Es ist aber auch möglich, den Flüssigkeitsverlust über Getränke auszugleichen. Besonders gut bewährt haben sich isotone Getränke wie Apfelsaft-Schorle, die aus 1/3 Apfelsaft und 2/3 Mineralwasser bestehen. Der Imbiss nach dem Aderlass sollte kohlenhydratreich sein und könnte beispielsweise aus einem Marmeladenbrötchen und einer Banane bestehen.

Ideale Flüssigkeitsaufnahme
Genau wie gesunde Menschen sollten von Hämochromatose betroffene immer reichlich trinken. Die ideale Trinkmenge liegt bei 2 Litern pro Tag, im Sommer oder bei starker körperlicher Aktivität steigt der Flüssigkeitsbedarf auf 2,5 bis 3 Liter täglich an. Gut geeignet ist Mineralwasser, während Kaffee und Schwarztee ein Genussmittel ist. Hämochromatose-Patienten profitieren jedoch von der Eisenaufnahme-Hemmung durch die im Schwarztee enthaltenen Gerbsäuren. Daher ist es sinnvoll, wenn sie zu jeder Mahlzeit, insondere Eisenreichen, eine Tasse starken Schwarztee mit Milch trinken. Um Übergewicht vorzubeugen sollten wenig zuckerreiche Getränke getrunken werden und anstatt dessen süßstoffgesüßte Lightgetränke. Süßstoff ist übrigens nicht krebserregend und hat in normalen Mengen auch sonst keine negativen Wirkungen.

Alkohol schädigt die Leber und ist ungeeignet bei Hämochromatose
Alkoholische Getränke sind für Menschen, die eine Hämochromatose haben schlecht geeignet, da die Hämochromatose zu Leberfunktionsstörungen bis hin zur Leberzirrhose führen kann. Die internationale Fachliteratur macht die Empfehlung, das Alkohol in kleineren Mengen – moderat – erlaubt ist, wenn noch keine Leberschädigung vorliegt. Wenn bereits eine

Leberschädigung vorliegt, darf niemals Alkohol getrunken werden. Damit sind auch alkoholhaltige Pralinen, Schokolade, Hustensaft und das alkoholfreie Bier gemeint. Auch vor, während oder nach einem Aderlass ist Alkohol natürlich ungeeignet.

Ein wichtiges Spurenelement: Eisen
Eisen ist ein lebensnotwendiges Spurenelement. Im Vergleich zu den meisten anderen Mineralstoffen kann der Organismus Eisen gut speichern. Trotzdem sollten Gesunde im Rahmen einer ausgewogenen gesunden Ernährung täglich ausreichend Eisen aufnehmen Eisen besitzt eine wichtige Funktion bei der Blutbildung, so daß es bei einem ausgeprägten Eisenmangel zu einer Blutarmut (Anämie) kommt. Für die Entstehung eines Eisenmangels ist der Gehalt eines Lebensmittels an Eisen nur ein Faktor unter anderen. Die Verfügbarkeit des Eisens im Organismus wird vielmehr bestimmt durch die Verluste infolge Blutungen (Menstruation) sowie einem erhöhten Bedarf durch Wachstum und Schwangerschaften. Außerdem ist die Absorption von Eisen im Darm ein weiterer Faktor, der bei der Entstehung eines Eisenmangels diskutiert werden muß.

Für die Aufnahme von Eisen wurde gezeigt, daß es besser aus kompletten Mahlzeiten als aus einzelnen Lebensmitteln absorbiert wird. Zudem ist es wichtig, in welcher Form das Eisen vorkommt. Eisen, welches in Vollkorngetreideprodukten und Gemüse reichlich enthalten ist, wird schlechter resorbiert als Eisen aus Fleisch. Durch Mitverzehr eines Vitamin-C-haltigen Lebensmittels (Obst, Gemüse) kann die Resorption allerdings erheblich gesteigert werden. Das Obst im Müsli hat deshalb nicht nur Geschmacksfunktion, sondern steigert auch die Absorption des Eisens aus den Getreideflocken. In schwarzem Tee sind viele Gerbsäuren enthalten, die Eisen binden können. Deshalb wird die Aufnahme von Eisen verschlechtert, wenn zu den Mahlzeiten schwarzer Tee getrunken wird (ebenso bei Kaffee). Phytinsäure, die in Vollkorngetreideprodukten (insbesondere Frischkorn oder Kleie) in großer Menge vorkommt, bindet Eisen im Darm. Die Eisenverfügbarkeit vermindert sich durch Nahrungssalze (Phosphate und Kalzium). Auch ein hoher Ballaststoffgehalt (beispielsweise Pektin) der Nahrung vermindert die Eisenaufnahme [3]. Mit einer gemischten Normalkost werden zwischen 14 und 60 mg Eisen aufgenommen. Vom Nahrungseisen wird aber nur relativ wenig in den Körper aufgenommen. Die Eisenaufnahmequote schwankt zwischen 1,4 und 30 Prozent. Bei Hämochromatose während der Krankheitsentwicklung nimmt der Körper im Vergleich zum Gesunden stets bis zu 20 % des Nahrungseisens auf [3]. Durch die Aderlässe nimmt die Eisenaufnahme wieder zu [3]. Daher ist die Einhaltung einer eisenreduzierten Kost sinnvoll. Besonders gut ist Eisen verfügbar, wenn es zusammen mit Säuren – wie Askorbinsäure (Vitamin C), Milchsäure (aus Joghurt oder anderen gesäuerten Milchprodukten) oder Fruchtsäure (aus Obstsäften) – aufgenommen wird. Gerbsäure (siehe nachstehende Tabelle) hingegen hemmt die Eisenaufnahme. Gerbsäure ist beispielsweise in Schwarztee enthalten. Mit einer Eisenverfügbarkeit von 30 % ist diese aus säurereichem Sauerkraut besonders hoch [2]. Die Eisenresorption hemmt auch das Spurenelement Zink [4]. Daher ist es sinnvoll Zinktabletten (morgens und abends 15 mg Zinkhistidin) einzunehmen.

Verbesserung der Eisenaufnahme	**Verminderung der Eisenaufnahme**
Vitamin C	Gerbsäuren
Tierische Lebensmittel	Kalzium
	Phosphate
	Phytate
	Ballaststoffe

Gesunde Ernährung

Menschen, die unter Hämochromatose leiden, sollten sich gesund und ausgewogen ernähren. Sinnvoll ist die Einhaltung einer Kost, die wenig eisenreiche Lebensmittel und Eisenaufnahme-Förderer, aber reichlich Eisenaufnahme-Hemmer enthält. Eine gesunde Ernährung beinhaltet reichlich pflanzliche Lebensmittel wie Obst, Gemüse, Salate, Vollkornprodukte, Hülsenfrüchte, Kartoffeln, Reis und Nudeln. Diese Lebensmittel enthalten alle relativ wenig Eisen aber reichlich Eisenaufnahme-Hemmer. Außerdem ist Eisen aus pflanzlichen Lebensmitteln im Vergleich zu tierischen Lebensmitteln relativ schlecht verfügbar und belastet Ihre Eisenbilanz kaum. Die gesunde Ernährung ist relativ fettarm und die Fette entstammen pflanzlichen Quellen wie Pflanzenöl oder Margarine.

Um ausreichend Eiweiß aufzunehmen, das bei Aderlässen verloren geht, sollten Hämochromatose-Patienten anstatt Fleisch und Wurst Käse und Milchprodukte bevorzugen. Auch Fisch ist eine gute und gesunde Eiweißquelle. Ob Sie drei oder fünf Mahlzeiten essen, bleibt Ihnen und Ihren Wünschen überlassen. Eine Ernährung ist nicht deswegen gesünder, weil sie aus fünf kleineres anstatt drei größeren Mahlzeiten besteht. Ihre Ansprechpartner in Sachen „gesunde Ernährung und Diätetik" sind Diätassistenten, die in Krankenhäusern und bei vielen Krankenkassen beschäftigt sind. In einer dreijährigen Fachschulausbildung werden sie auf die Beratungstätigkeit vorbereitet. Qualifiziert im wissenschaftlichen Bereich sind Diplom Oecotrophologen (= Hauswirtschafts- und Ernährungswissenschaftler).

Ernährungsregeln bei Hämochromatose im Überblick:

Eisenreiche Lebensmittel meiden: Bluthaltige Lebensmittel wie Fleisch, Wurst, Leber und Nieren (inklusive daraus hergestellter Wurst – es ist sinnvoll Käse statt Wurst zu essen und Fisch dem Fleisch vorzuziehen)
- *Keine eisenangereicherten Lebensmittel*
- *Keine Mineralstoff-Präparate mit Eisen einnehmen*

Zu eisenreichen Mahlzeiten keine Vitamin-C-reichen Lebensmittel
Zu jeder Mahlzeit, insbesondere mit eisenreichen Lebensmitteln, Schwarztee trinken
Reichlich trinken
- *Kein Alkohol trinken*
- *Alkohol auch in Speisen meiden*

Niemals nüchtern zum Aderlass
Nach dem Aderlass reichlich trinken
Ausreichend Eiweiß: mindestens 1 Gramm pro Körperkilogramm täglich

Diätetische Konsequenzen bei Folgen der Hämochromatose

Die Hämochromatose kann einen Diabetes mellitus und/oder eine Leberzirrhose hervorrufen. Diabetes mellitus und Leberzirrhose haben eigene diätetische Regeln, die denen bei Hämochromatose nicht widersprechen. Sollte bei Ihnen ein Diabetes oder eine Leberzirrhose vorliegen, profitieren Sie von einer Diätberatung durch Diätassistenten. Lassen Sie sich von Ihrem behandelnden Arzt beraten.

Autor:

Autor: Sven-David Müller, Master of Science in Applied Nutritional Medicine (Angewandte Ernährungsmedizin), staatlich anerkannter Diätassistent und Diabetesberater der Deutschen Diabetes Gesellschaft (DDG), Haddamshäuser Weg 4a, 35096 Weimar an der Lahn, www.svendavidmueller.de, diaetmueller@web.de

Literatur:
1) Fritz Heepe, Diätetische Indikationen, Springer Verlag, 1990

2)   Häufel/Ternes/Tunger/Zobel, Lebensmittel-Lexikon, Behr´s Verlag, 1993

3)   Strohmeyer/Niederau in Ernährungsmedizin von Biesalski, Thieme Verlag, 1999

4)   Paolo M. Suter, Checkliste Ernährung, Thieme Verlag , 2002

Buchempfehlung:

Ernährungsratgeber Leber und Galle, Schlütersche Verlagsgesellschaft

Diätetik und Ernährungsberatung, Haug Verlag.